法布尔昆虫记 7

（法）法布尔 著　梁婉 主编

编委：周　昕　李　想　杨　滔　窦炳香
许正华　杨明君　杨　凡　邱　莹
向凌松　曹家艳　杨　文　张　燕

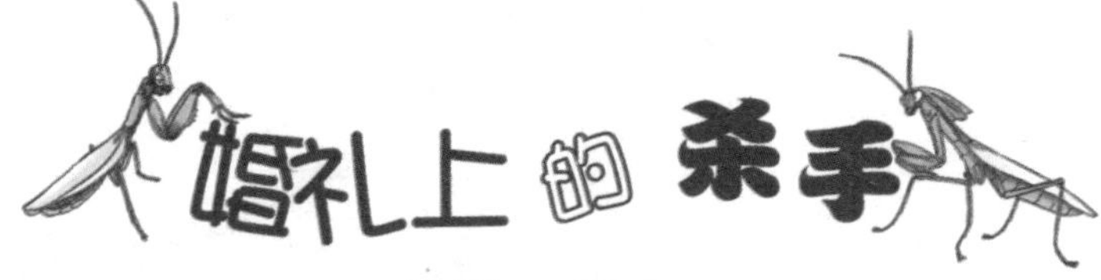

螳螂

图书在版编目（CIP）数据

婚礼上的杀手螳螂 / (法) 法布尔著；梁婉主编. —哈尔滨：哈尔滨工业大学出版社, 2016.7

（法布尔昆虫记）

ISBN 978-7-5603-5967-0

Ⅰ. ①婚… Ⅱ. ①法… ②梁… Ⅲ. ①螳螂科－儿童读物 Ⅳ. ①Q969.26-49

中国版本图书馆CIP数据核字(2016)第083806号

婚礼上的杀手　螳螂

HUNLISHANG DE SHASHOU TANGLANG

策划编辑　张凤涛

责任编辑　张凤涛　常　雨

装帧设计　恒润设计

出版发行　哈尔滨工业大学出版社

社　　址　哈尔滨市南岗区复华四道街10号　邮编 150006

传　　真　0451-86414749

网　　址　http://hitpress.hit.edu.cn

印　　刷　三河市同力彩印有限公司

开　　本　787mm × 1092mm　1/16　印张 8　字数 55千字

版　　次　2016年7月第1版　2020年8月第3次印刷

书　　号　ISBN 978-7-5603-5967-0

定　　价　28.50 元

序

法布尔先生是一位伟大的科学家，也是一位满怀诗意的文学家，被称为“昆虫界”的荷马和昆虫界的“维吉尔”。

1879年，法布尔买下了塞利尼昂的荒石园，从此，这一块荒芜的不毛之地，成了他的工作室和试验场，也成了昆虫们的乐园。法布尔说：“我们所谓的丑美脏净，在大自然那里是没有意义的。”于是，他反对将昆虫开膛破肚，坚持要在它们活蹦乱跳的情况下观察和研究，他用诗人的语言描绘它们，用充满想象力的文笔构筑起一个充满喜怒哀乐的“昆虫世界”。

1880年，巨著《昆虫记》问世，法布尔用朴实而有趣的语言，将一部严肃的学术著作写成了一篇优美的散文，展现了对生命的尊敬与热爱，令全世界响起一片赞叹之声，就连鲁迅先生也曾经赞美道：“这部著作是‘讲昆虫的故事’‘讲昆虫的生活’的楷模。”

直到今天，法布尔的《昆虫记》仍然影响着新一代的孩子们，透过文字，我们仿佛能看见在大自然的舞台上，一只只人性化的虫子正在翩翩起舞，为我们讲述着大自然的规则，讲述着微不足道的虫子们的本能、习性、劳动、生存和死亡……

哈尔滨工业大学出版社出版的这套改编版的《昆虫记》，一共分为8册，用轻松有趣的语言和精美的图画，为孩子们讲述了原著中最精彩的昆虫故事，更贴近孩子们的阅读习惯，让幼儿也能读懂科学名著。

书中讲述了螳螂、蝉、粪金龟、松毛虫、狼蛛、圆网蛛、砂泥蜂、象鼻虫的一生，塑造出一个个栩栩如生的昆虫形象，给微不足道的虫子们赋予喜怒哀乐，字里行间流露出对生存的思考，对友情和亲情的赞美，让孩子们了解昆虫、爱上昆虫，进而激发对大自然的好奇心，从小培养尊重生命、亲近自然、热爱科学探索的精神！

编者

2016年4月28日

螳螂亦称刀螂，无脊椎动物，属肉食性昆虫。在古希腊，人们将螳螂视为先知，因螳螂前臂举起的样子像祈祷的少女，所以又称祷告虫。

螳螂是昆虫中体型偏大的，体长一般55~105毫米，据说有的甚至可达145毫米，身体为长形，多为绿色，也有褐色或具有花斑的种类；标志性特征是有两把“大刀”，即前肢，上有一排坚硬的锯齿，末端各有一个钩子，用来钩住猎物。头呈三角形，能灵活转动；复眼突出，大而明亮,单眼3个；触角细长；颈可自由转动；咀嚼式口器，上颚强劲。前足腿节和胫节有利刺，胫节镰刀状，常向腿节折叠，形成可以捕捉猎物的前足；前翅皮质，为覆翅，缺前缘域，后翅膜质，臀域发达，扇状，休息时叠于背上；腹部肥大。前足捕捉式，中、后足适于步行，但有时前足也会用来保持平衡，渐变态。

除极地外，广布于世界各地，尤以热带地区种类最为丰富。世界已知2，000种左右。中国已知约147种。其中，中华大刀螳、狭翅大刀螳、广斧螳、棕静螳、薄翅螳螂、绿静螳等，螳螂是农业害虫的重要天敌。

目录

蝗虫失踪案

婚礼上的杀手——螳螂

阳光照耀的大森林里，

坐落着一个美丽的榕树村。

榕树村村头，有一棵枝繁叶茂的大榕树。

村里的大侦探黄蜂先生的家，

就在榕树爷爷的盘根错节的脚底下。

这天，黄蜂先生把家里的浆果吃光了，

把家里的花蜜也吃光了。

他舒舒服服地躺下来，

“噗——噗——”地打着饱嗝，

还得意扬扬地哼起了小曲：

“吃光光，喝光光，

躺在家里，睡得香香……”

突然，“咚咚咚……”

一阵急促的敲门声从门外传来。

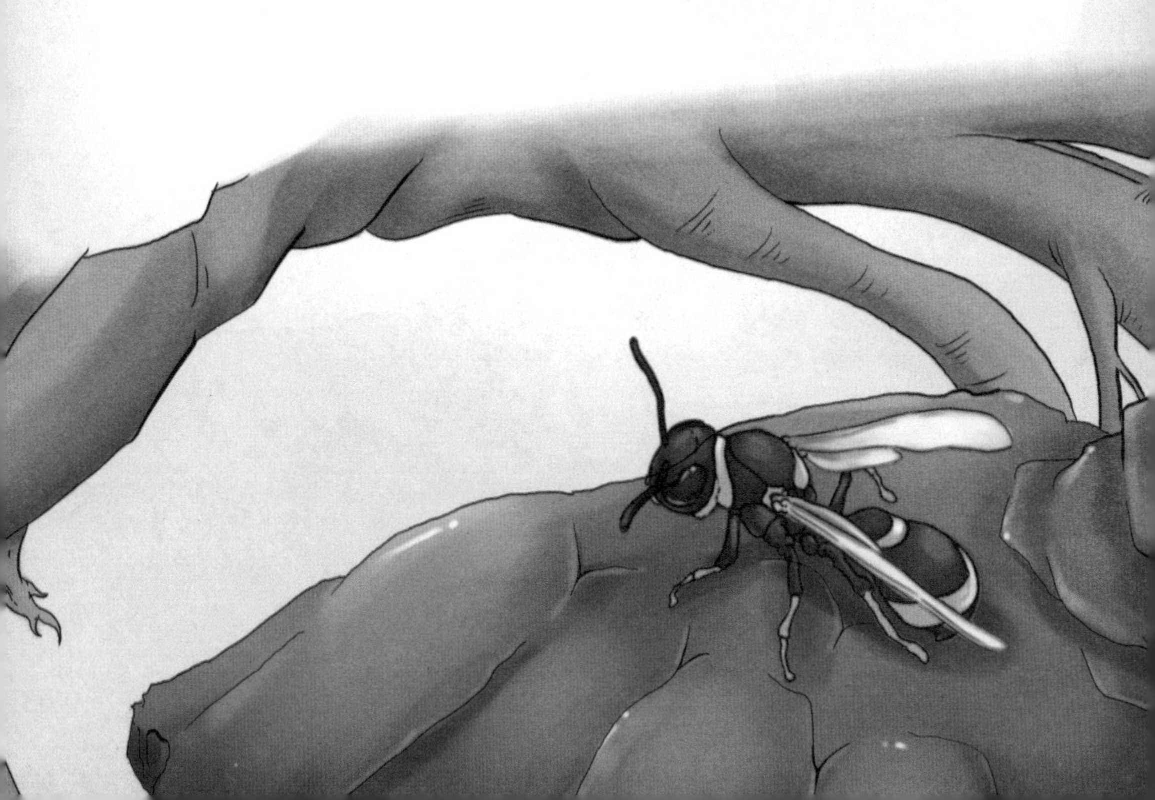

“喂喂……喂！黄蜂先生！”

黄蜂先生打开房门一看，

不得了，原来，是住在村尾的蝗虫。

蝗虫家族人多势众，

是一群榕树村谁也惹不起的家伙。

蝗虫气急败坏地站在门口，“呼哧呼哧”直喘气。

黄蜂先生疑惑地问道：“发生了什么事？”

话音刚落，平日里嚣张的蝗虫居然哭了起来。

“呜呜呜……我的姐姐不见了！”

“呜呜呜……我的妹妹不见了！”

“我的……我的哥哥和弟弟都不见了！”

蝗虫抹着眼泪，看上去可怜极了。

“有线索吗？”黄蜂先生拍拍蝗虫的肩膀，着急地问道。

“有！在十字坡发现了他们残缺的翅膀！”

刚说完，蝗虫又伤心地哭了起来。

“别哭，别哭，我这就去十字坡瞧一瞧！”

就这样，大侦探黄蜂先生跟着蝗虫出发了。

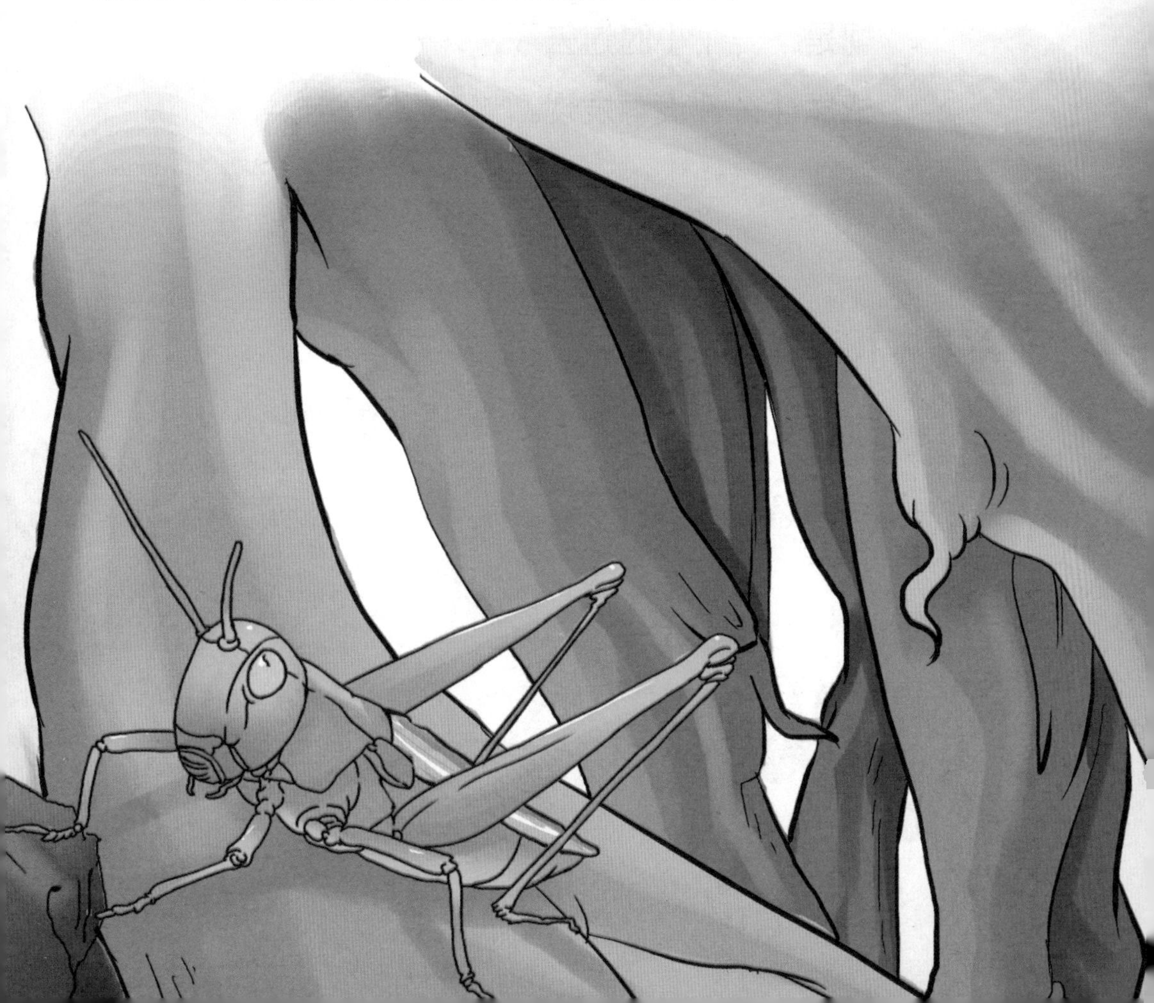

好不容易赶到了十字坡，

太阳公公已经快下山了。

黄昏的晚霞笼罩着大地，

披着一层金色光辉的榕树村显得非常安静。

大侦探黄蜂先生瞪着无数只复眼，

在蝗虫们的指点下，

耐心地察看着地上留下的蝗虫翅膀碎片，

可是，一个小时过去了，

依然什么都没有发现。

“哎——”

黄蜂先生重重地叹了一口气，

无可奈何地说道：

“我们回去吧！”

就在大家准备转身离开时，

黄蜂先生突然愣住了。

“看那里——”

黄蜂先生指着坡下的草丛，

眼睛闪闪发亮。

蝗虫们觉得奇怪极了，

他们转过头，顺着黄蜂先生的视线望去，

只见在金色的夕阳下，

一个漂亮的身影直起上半身，

优雅地立在青草上。

她薄薄的翅膀又宽大又轻盈，

就像一层透明的轻纱，

在微风中轻轻地摆动着。

她的前腿微微收拢，

庄严地举向空中，

看上去，仿佛一个正在祈祷的女人。

她是谁呢？

大侦探黄蜂先生第一个走上前去，

在离她不远的地方站住了。

黄蜂先生惊讶地喊了出来：

“螳螂夫人……

你，你站在这儿干什么呀？”

“什么？夫人？真是一个没礼貌的家伙！”

螳螂小姐嘟着嘴巴，

气呼呼地说：

“把没有结婚的姑娘叫成夫人，

难道你们黄蜂都这么没有教养吗？”

黄蜂先生不好意思地红了脸，

连连道歉说：

“对不起，对不起……

美丽的螳螂小姐。”

螳螂小姐“扑哧”一声笑了，

温柔地说道：

“没关系，刚才，我正在祈祷，

希望赶快找到一位英俊的螳螂先生……”

黄蜂先生点点头，默默地离开了。

“多么可爱的女孩子啊！”

一只蝗虫忍不住感叹。

“一个女孩子，

怎么能单独走在这么危险的地方呢？”

另一只蝗虫有些担心地说道。

蝗虫们一边走，一边七嘴八舌地议论着。

突然，黄蜂先生做了个“嘘——”的手势，

大家马上不再说话，

警惕地躲进草丛里，

好奇地向前方张望着。

大伙儿捂住嘴巴，发出紧张的呼吸声。

只见前方不远处，

一个长相十分吓人的家伙正慢吞吞地走过来。

她的眼睛像铜铃，脑袋像锥子，

双腿像两把尖尖的大刀！

她的身材又细又长，

走起路来摇摇晃晃，

就像喝醉了酒一样。

“天哪！来了一只魔鬼！”

蝗虫们捂住胸口，脸上露出恐惧的神情。

“别怕，她不是魔鬼，她的名字叫椎头螳螂……”

黄蜂先生压低了声音，小声地猜测道：

“难道，她就是吃掉失踪蝗虫的凶手？”

椎头螳螂依然慢慢地走着，

她没有发现躲在草丛里的一伙虫子。

她一会儿走，一会儿停，

最后，在一片灌木丛里站住了。

只见，她的眼睛一眨不眨，

正专心致志地盯着一个地方。

“不会吧？难道……她又要行凶了？”

草丛里，蝗虫们吓得浑身发抖。

“嘘——不要说话。”

黄蜂先生命令蝗虫们保持安静，

他走出了草丛，悄悄地靠近椎头螳螂。

原来，椎头螳螂正在盯着一只倒霉的绿头苍蝇！

苍蝇这个笨家伙，

居然把椎头螳螂当作一根干枯的木头，

停在她锯齿一样的小腿上！

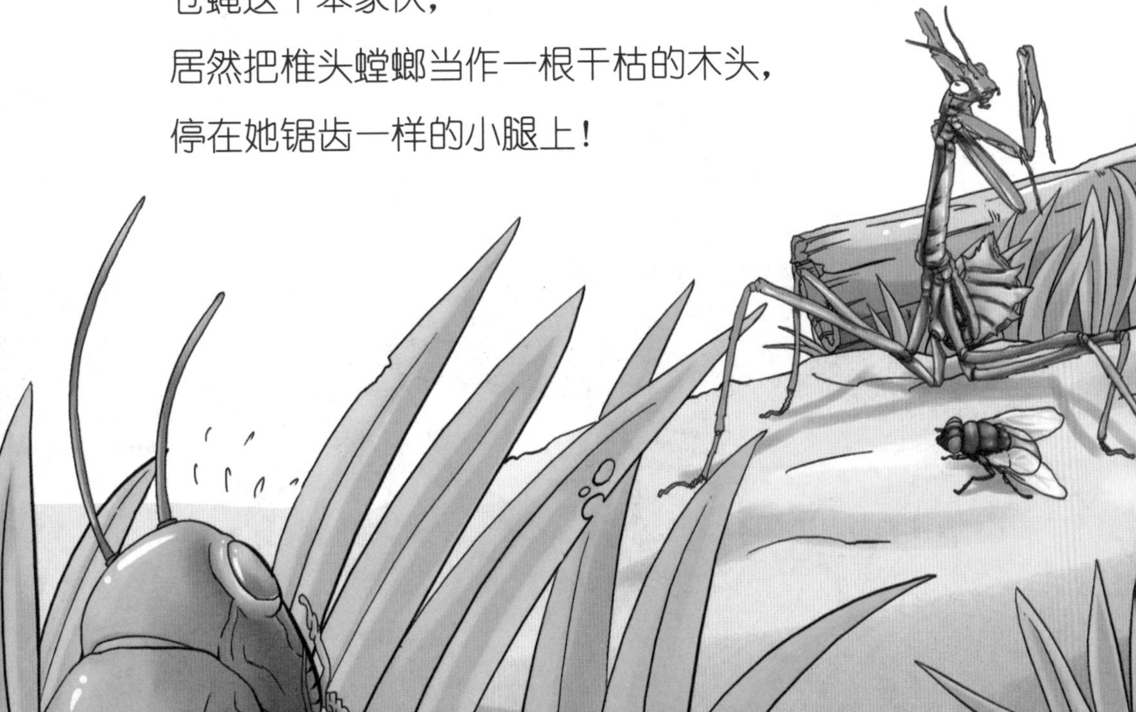

“好累呀！”

苍蝇飞了很久，终于找到了一个休息的地方，

心里高兴极了。

他擦了擦头上的汗水，

接着，弹弹翅膀，搓搓脚丫……

苍蝇一直磨磨蹭蹭，

一点儿也不想离开，

一点儿也没有意识到危险。

这时，椎头螳螂悄悄地收拢小腿，

不用说，这个倒霉的小家伙，

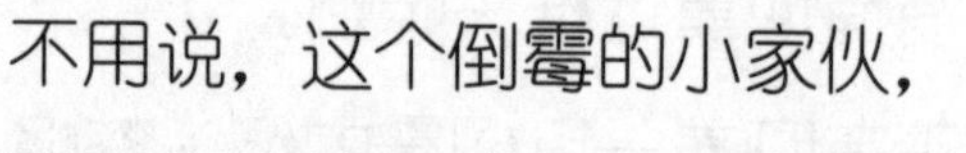

稀里糊涂地就被椎头螳螂抓住了。

不过，让黄蜂先生感到意外的是，
椎头螳螂虽然个头很大，
吃起东西来却慢吞吞的。
他吃呀，吃呀，吃了半个钟头，
小小的苍蝇居然还剩下一大半！
蝗虫们躲在草丛里，已经看得不耐烦了。
“这个讨厌的家伙，到底在磨蹭什么呀？”
“难道，她是故意的？”

“嘘——快看！”

黄蜂先生指了指后面，

只见螳螂小姐着急地追了过来。

蝗虫们议论纷纷：

“这里太危险了！她跑回来干什么？”

“难道，她想给我们报信，让我们小心那个魔鬼？”

“安静！安静！”

黄蜂先生提醒大家：

“咱们还是继续躲起来，

看看螳螂小姐究竟想要干什么。”

“喂，亲爱的椎头姐姐！”

在蝗虫们悄悄的注视下，螳螂小姐正在靠近那个“魔鬼”。

椎头螳螂很惊奇地摆摆手，说：

“你是谁？我根本就不认识你呀！”

“嘿嘿，大家都是螳螂嘛！螳螂和螳螂，怎么能不认识呢？”

螳螂小姐笑眯眯地说。

“难道，你想分享我的美食？”

椎头螳螂紧紧地抱住了刚刚捕获的苍蝇。

“不，我的胃口大着呢！一只小小的苍蝇太少啦！”

螳螂小姐哈哈大笑。

“别——别靠近我！”椎头螳螂发出警告。

“椎头姐姐，咱们是亲戚，不要这么小气嘛！”

螳螂小姐热情地搂住了椎头螳螂的脖子。

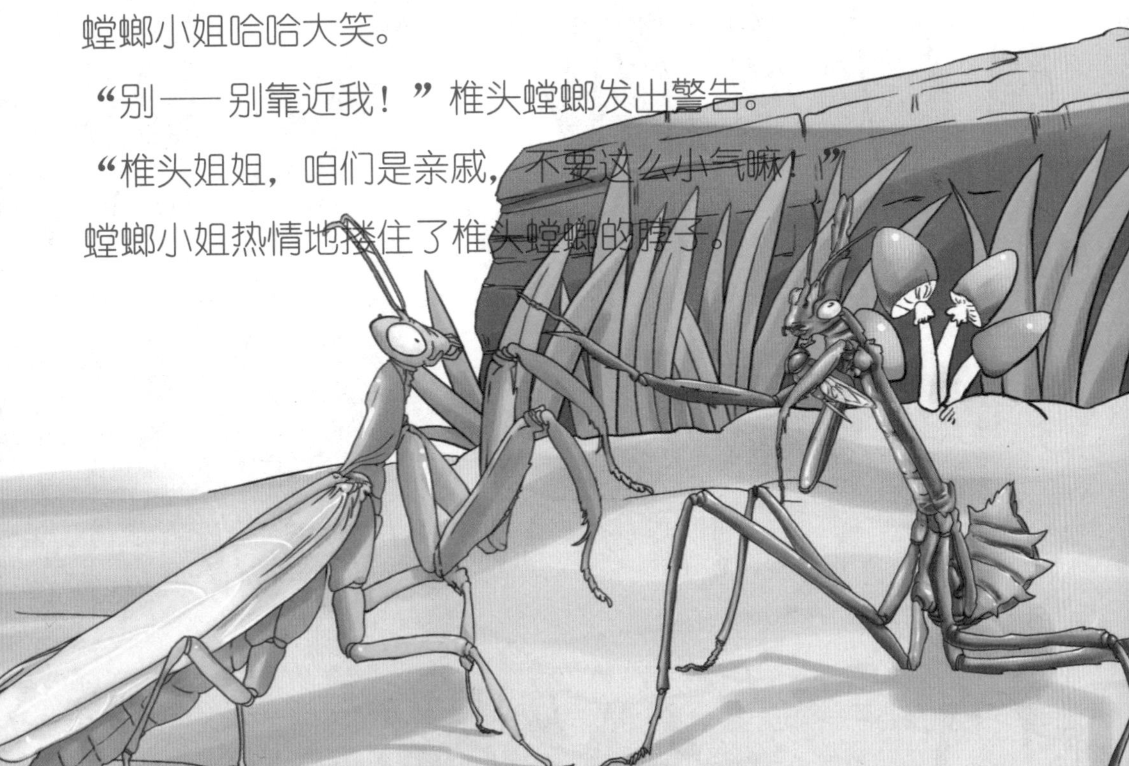

“啊——！”

一阵凄惨的叫声传来，

躲在草丛里的黄蜂先生和蝗虫们都

大吃一惊。

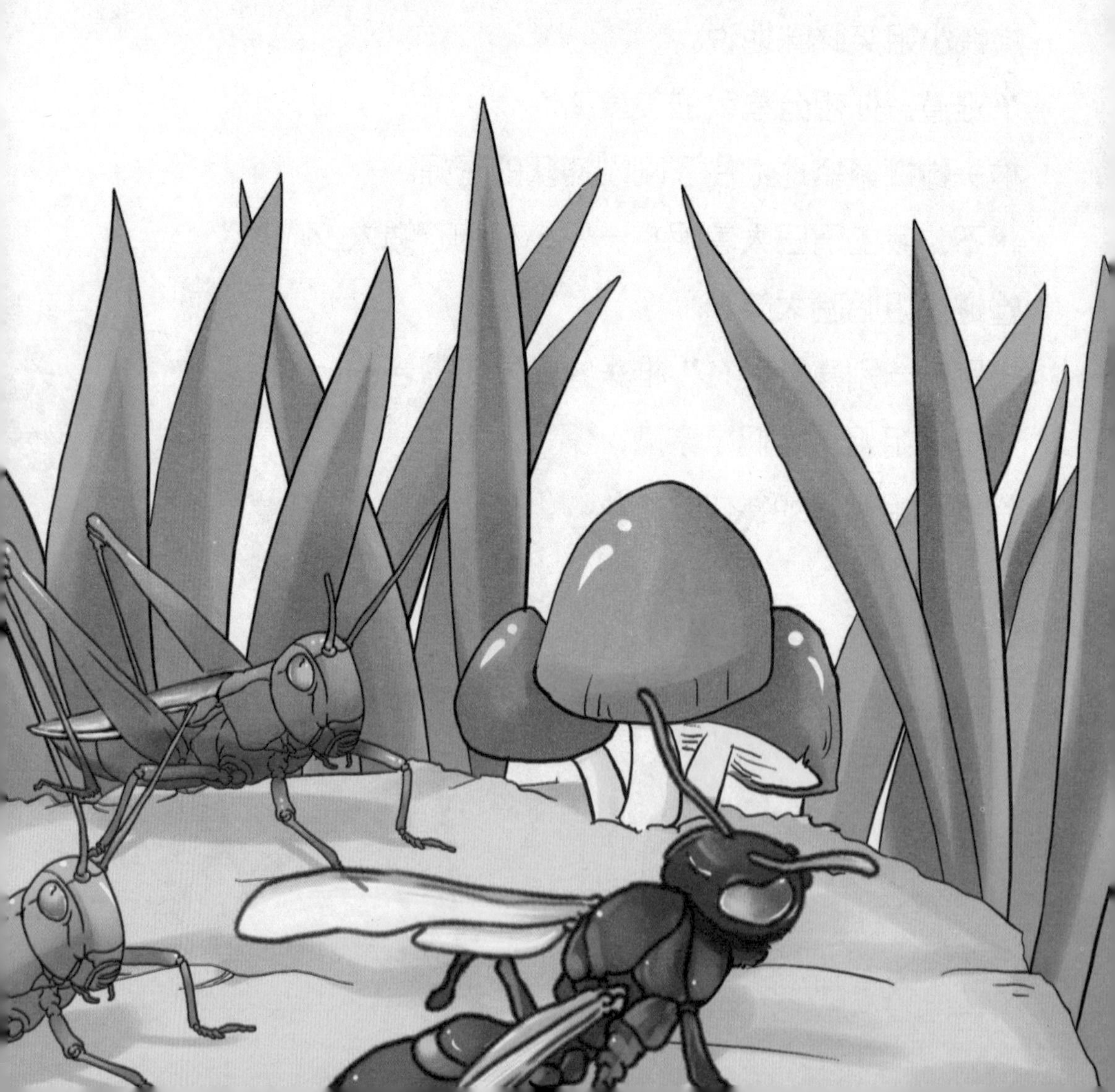

“不会吧？太可怕了！”

蝗虫们慌慌张张，说什么的都有。

“椎，椎头螳螂居然杀死了螳螂小姐！”

“连自己的亲戚也不放过！”

“真是太冷酷了！”

“静一静！”大侦探黄蜂先生摆了摆手，一点儿也不想听蝗虫们的议论。

黄蜂先生提醒大家：

“椎头螳螂老半天都吃不完一只苍蝇，难道，她还有必要再吃掉螳螂小姐吗？”

蝗虫们一听，全愣住了，

“是啊，难道……”

“大家一起上前看看吧！”

在黄蜂先生的提议下，

蝗虫们一点一点地挪动，

慢慢地，慢慢地凑上前去。

“啊——”

随着一声尖叫，真相大白了。

所有的虫子们都大吃一惊！

瞧，可怜的椎头螳螂居然被螳螂小姐拦腰咬断，

脑袋上的触须还在不停地颤动……

原来，原来螳螂小姐才是凶手！

十字坡头，蝗虫们气愤地指着螳螂小姐：

“你，你吃掉了我们的姐姐！”

“你，你吃掉了我们的妹妹！

“你，你吃掉了我们的哥哥和弟弟！”

蝗虫们七嘴八舌，纷纷怒斥螳螂小姐。

“快，快抓住这个凶手！”

大家一拥而上，将螳螂小姐团团围住。

“别——别过去！”从后边飞来的黄蜂先生焦急地喊着。

可是，已经来不及了，

愤怒的蝗虫们朝着螳螂小姐猛冲过去。

螳螂小姐丢下吃了一半的椎头螳螂，

瞪着大大的眼睛，半身直立，

两把大刀竖在胸前。

啊，她是多么美丽！

啊，她是多么优雅！

谁知道呢？她居然会是一个杀手！

她静静地站在原地，

姿势就像雕像一样优美，

淡淡的绿色的外衣随风摇摆，

长长的翅膀，像拖着一层薄薄的轻纱。

突然，那双迷人的大眼睛瞪了起来，

灵活的、修长的脖子不停地扭转……

一只不怕死的蝗虫正在靠近——

“你，你这个披着羊皮的大灰狼！”

蝗虫满脸是泪，不要命地冲向了螳螂小姐。

“哼！”螳螂小姐冷笑一声，

以闪电般的速度抡起大刀，

准确地朝着蝗虫的脑袋砍去。

“好痛！呜呜呜呜呜……”

蝗虫被砍得眼冒金星，只觉得天旋地转。

可惜，他还没有反应过来，

又再次被螳螂小姐的钢钩抓住了。

“放开我！你这个可怕的杀手！”

蝗虫拼命地拳打脚踢，

可是，连一丁点儿也没有碰到螳螂小姐。

螳螂小姐用两排尖尖的锯齿，

重重地压住挣扎的蝗虫，

随着钳子慢慢地夹紧，

蝗虫的喊叫声越来越微弱，

最后，他全身瘫痪，连一点儿声音也发不出来了。

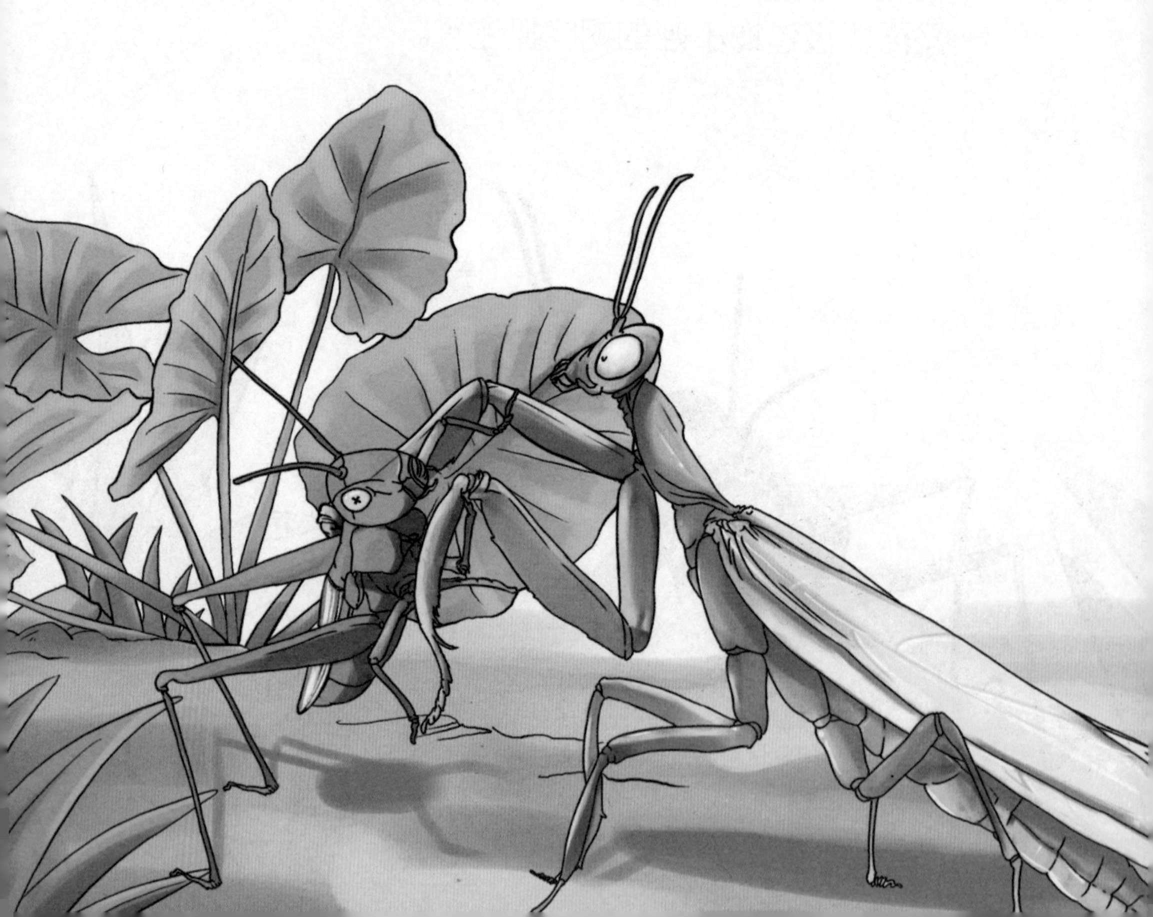

“啊——”

“不要过来——”

剩下的蝗虫们又惊又怕，

大家颤抖着连连后退，

谁也不敢再靠近螳螂小姐。

螳螂小姐叉着腰，得意地哈哈大笑：

“反正已经被看出来了！

好吧！我就是你们要找的凶手！

好吧！我就是吃掉失踪的蝗虫们的凶手！”

“不怕死的，就过来报仇吧！”

在螳螂小姐的挑衅下，

蝗虫们被吓得像木桩似的，

傻傻地站在原地，一动也不敢动。

“快跑啊——”

“笨蛋！打不过就跑——”

大侦探黄蜂先生飞上一根树枝，

朝着蝗虫们大喊大叫。

惊吓过度的蝗虫们受到提醒，

指着扬扬得意的螳螂小姐，结结巴巴地说：

“你！你不要走！我……我们马上找个大力士来收拾你！”

夜幕快要降临了，

阴沉沉的天空给十字坡染上了一层灰色。

黄蜂先生焦急地等在枝头上，

四周的蝗虫们垂头丧气地坐着，

就像好几天都没吃饭一样。

沉闷的空气中，

偶尔传来几声“咯——咯——”的声音，

原来是吃饱喝足的螳螂小姐，

正慢慢地拍着胀鼓鼓的肚皮，

发出时断时续的打嗝声。

可怕的螳螂小姐正在闭目养神，

不，也许是在祈祷，

只见那淡绿色的纱衣和周围的杂草混在一起，

如果不仔细看，很难发现她的踪影。

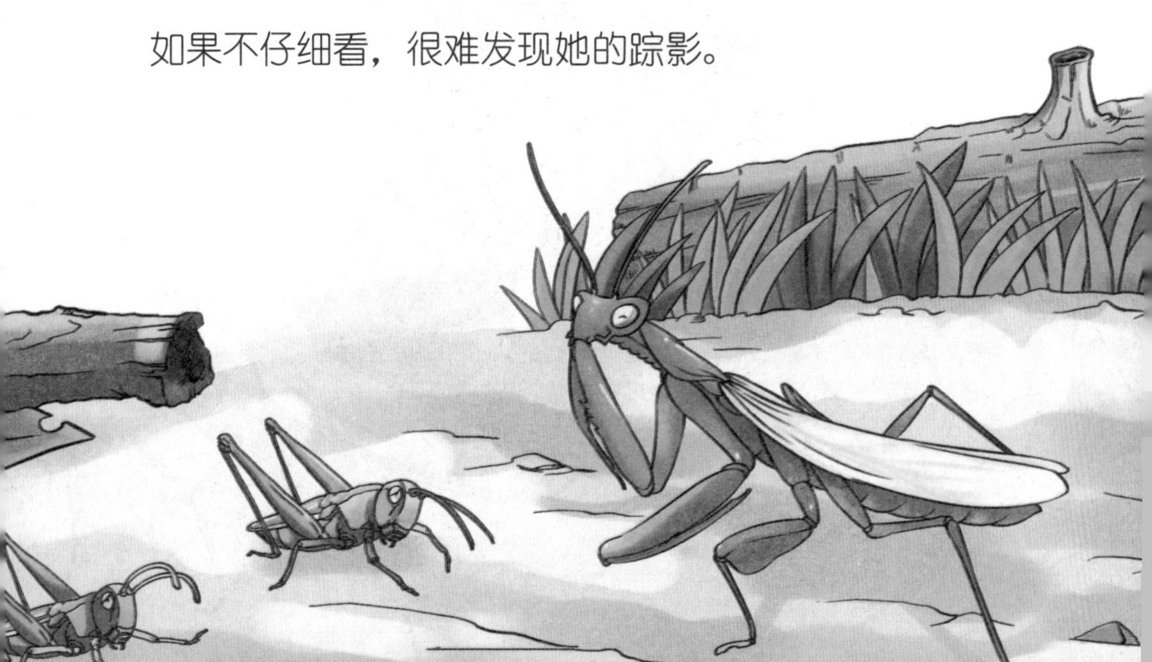

“哼，别以为我们看不见你！”

“你这个善于伪装的凶手！”

一只年轻的蝗虫不顾同伴们的阻拦，

勇敢地朝着螳螂小姐大喊大叫。

可是，螳螂小姐却像睡着了一样，

一点反应也没有。

“在哪？凶手在哪？”

一只灰色的蝗虫冲了过来，

他就是有名的大力士，

有着巨大的身体和强壮的四肢。

那只年轻的蝗虫伸手一指，

气冲冲地喊道：

“看见了吗？凶手藏在草丛里！”

蝗虫大力士一听，马上挺起胸膛，

大摇大摆地朝着螳螂小姐跳了过去。

“哼——谁在打扰我睡觉？”

螳螂小姐揉了揉眼睛，看上去十分生气。

因为特殊的生理结构，

她美丽的大眼睛可以眼观六路，

那只前来挑战的蝗虫大力士马上落入了她的视线范围。

面对这个强壮的大块头，

螳螂小姐不敢马虎大意。

她想了想，马上摆出一副十分奇怪的姿势。

到底是什么样的姿势呢？

螳螂小姐使劲儿张开翅膀，

把翅膀像船帆一样竖了起来。

她又将身体的上端弯曲，

像一根弯曲着手柄的拐杖一样，

还不时地上下起落着。

伴随着奇特的动作，

她同时发出一种可怕的声音——

听上去，就像毒蛇喷吐气息的嗞嗞声。

“你……你要干什么？”

刚才还雄赳赳气昂昂的蝗虫大力士，

一见到螳螂小姐的奇怪举动，

马上被吓得六神无主。

“要打就打！不……不要吓唬我！”

蝗虫大力士变得害怕起来，

他连眼睛都不敢眨一下，一动不动地盯着螳螂小姐。

螳螂小姐没有说话，

螳螂小姐也没有进攻，

没有人知道她在想什么。

也许，面对身材高大的蝗虫大力士，

她一时还没有获胜的把握。

螳螂小姐继续一动不动，眼睛死死盯住敌人。

那令对手颤抖的目光，

一刻也没有离开蝗虫大力士。

哪怕对手只是轻轻地点一点头，

哪怕对手只是微微地移一移脚，

螳螂小姐都会猛地瞪一眼，

并且迅速地转动一下她的头。

“不要怕！这是螳螂有名的心理战术！”

躲在枝头观看的大侦探黄蜂着急地喊了起来，

他可不希望还没开战，

蝗虫大力士就已经被吓趴下了。

遗憾的是，螳螂小姐冷冷的目光，

已经将恐惧深深地植入了蝗虫大力士的内心深处。

“求求你！不要再盯着我了！”

很快，蝗虫大力士就受不了了，

他被吓傻了眼，

真的把螳螂小姐当成了凶猛的怪物。

这个大块头一动也不敢动，

心里扑扑直跳，

居然连逃跑都忘记了。

“快跑呀——”

躲在一旁观看的蝗虫们喊了起来。

可是，蝗虫大力士早就慌了神儿，

他听不到大伙儿的叫喊，

老老实实地伏在地上，

不敢发出半点声响，

好像稍不注意，马上就会丢掉性命似的。

这个可怜的大块头，

他可能被吓糊涂了，

不但不敢逃跑，

还向螳螂小姐的方向移了几步……

“天哪！不要送死！”

黄蜂先生气急败坏地尖叫着。

可是，蝗虫大力士就像中了邪一般，

依然傻傻地朝着螳螂小姐走去。

“太棒了！又一个敌人败在我的心理战术下！”

螳螂小姐冷笑了一下，

面对送上门来的大餐，

她毫不客气地举起了大刀。

很快，晕乎乎的蝗虫大力士走到了跟前，

螳螂小姐发出得意的笑声，

她毫不留情地攻击蝗虫大力士的脖子，

还用大钳子用力地击打他的身体。

一开始，蝗虫大力士还在挣扎，

可是，过不了多久，他就趴在地上一动不动了。

在黄蜂先生和蝗虫们的注视下，

螳螂小姐慢慢地咀嚼着战利品，

还发出满意的“啧啧”声。

令大家意外的是，

身材苗条的螳螂小姐好能吃啊！

她贪婪地一口一口地吃掉对手，

直到剩下两片薄薄的羽翼为止。

站在枝头的黄蜂先生，

四周围观的蝗虫们，

见到这种场景，

一个个吓得像丢了魂似的。

“她真是一个魔王！”

“她用了什么魔法？”

“她居然不战而胜，打败了大名鼎鼎的蝗虫大力士！”

大家发出最后的感叹，

然后，不约而同地大叫：

“快跑啊！离螳螂小姐越远越好！”

话音未落，

黄蜂先生和蝗虫们就四散奔逃，

不一会儿，十字坡上只剩下了螳螂小姐孤独的身影。

“好一个爱管闲事的大侦探黄蜂！

我一定不会放过你的！”

冷冷的风中，传来螳螂小姐愤怒的咒骂声。

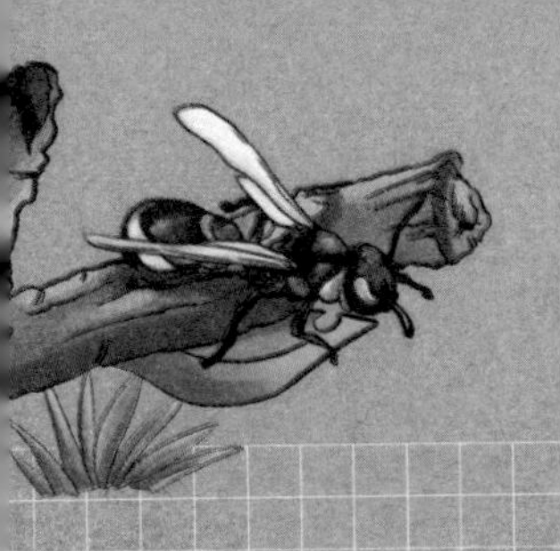

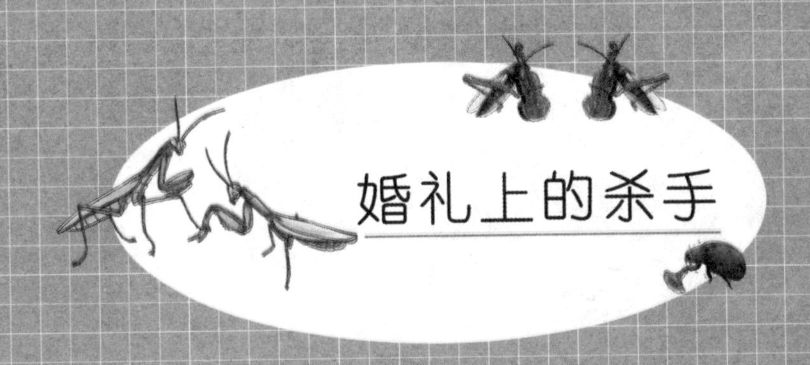
婚礼上的杀手

婚礼上的
杀手——螳螂

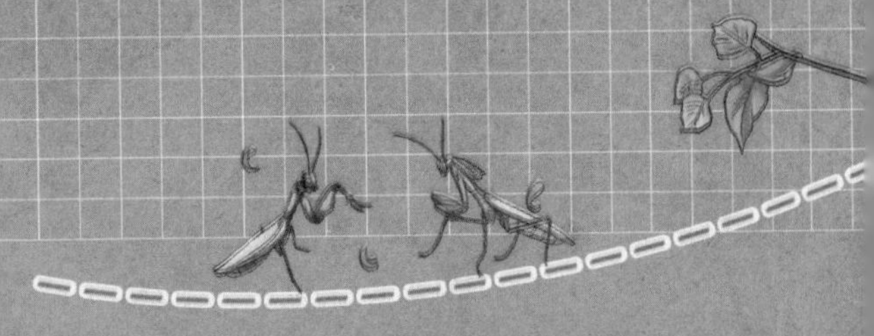

可怕的螳螂小姐终于被拆穿了秘密，

大伙儿都怕她，

走在路上，一见到她，

全都躲得远远的。

螳螂小姐摸着饿得咕咕叫的肚子，

发起了愁：

“哎呀！哎呀！

大家都不敢靠近我，

我再也捉不到猎物啦！”

“怎么办呢？”

“再这样下去，我就要被活活饿死啦！”

螳螂小姐站在大榕树下，

静静地祈祷着：

“天哪！快快让我想出好办法吧！”

突然，一阵风吹过，

一片榕树叶子掉在了螳螂小姐的脑袋上。

“啊——”

螳螂小姐的脑子灵光一闪，

真的想出了一个好办法：

“对了，我可以比武招亲！”

“各位螳螂先生，榕树村最能打架的螳螂小姐要招亲啦！”

“招亲比赛的规则很简单，一个字，打，打，打！”

“只要打败螳螂小姐，就可以让她成为你的新娘！”

大榕树下，一只金龟子举着一朵喇叭花，

在螳螂小姐的威胁下，

当起了比赛的主持人。

村前村后的螳螂先生们，

一听到消息，都从四面八方赶来了。

“我要比赛！”

“我也要参加比赛！”

勇敢的螳螂先生们争先恐后，都抢着要和螳螂小姐成亲。

大榕树下的草地上，还是第一次聚集了这么多的螳螂。

螳螂们举着大刀，一个个看上去都很威风。

金龟子主持也是第一次见到这种场面，

她握着喇叭花的前足在微微颤抖，

脑门上的汗珠“啪啪啪”地滴下来，

把身上的花衣裳都打湿了。

不一会儿，比赛开始了。

前来挑战的螳螂先生们各自使出绝招，

有的亮出大刀，有的张开钳子，

一个一个地冲向螳螂小姐。

遗憾的是，结果实在太惨啦！

金龟子主持慌乱地报告着最新的比赛情况：

“各位，各位，第一名迎接挑战的螳螂先生被……被吃掉了！”

“第二名，第三名……天哪！前来挑战的螳螂先生都……都被吃掉了！”

“说话结结巴巴，还怎么当主持？”

螳螂小姐气冲冲地骂了起来。

金龟子主持赶紧清清嗓子，大声地问道：

“请问……还有谁要来挑战螳螂小姐？”

草地上闹哄哄的。

螳螂先生们怀着美好的梦想前来参加比赛，

可是，大家万万没有想到，

所有战败的螳螂先生都被吃掉了！

“螳螂小姐太可怕了！”

“她居然连同类也不放过！”

“她吃掉其他螳螂的时候，就跟吃蝗虫、蚱蜢没什么两样！”

剩下的螳螂先生们议论纷纷，谁也不敢再上前。

“阴谋！这是一个阴谋！”

一位打着领结的螳螂先生再也忍不住了，

大声地指责着螳螂小姐。

“这哪里是比武招亲？

明明就是一场捕猎大赛！”

这位勇敢的螳螂先生第一个冲出了比赛场，

一边逃命，一边回头大喊：

“大家快点逃走吧！

离开这个可怕的地方！”

“哈哈哈哈……”

螳螂小姐尖厉地笑了起来：

“你们这些笨蛋！已经太迟了！”

说完，螳螂小姐举起大刀，

冲进围观者的队伍。

这些幸存的螳螂先生们被吓得四散奔逃，

有的跳进了草丛，有的躲进了树洞，

还有的跌跌撞撞地往村外跑去……

来不及逃跑的螳螂先生们，

全都成了螳螂小姐的美餐。

最后，螳螂小姐闪电一般向前冲去，

牢牢地用钳子夹住了带领结的螳螂先生。

“你好啊——”

螳螂小姐发出了怪笑：

“好大的胆子！居然敢破坏我的比赛！”

这位先生吓得浑身颤抖，

他拼命挣扎，想要挣脱螳螂小姐的大钳子。

可是，螳螂小姐紧紧地抓住他的脖子，

得意扬扬地宣布：

“没错！就是你了！”

螳螂小姐指着这位先生，

“你就是我挑选的丈夫！”

“啦啦啦……啦啦啦……”

一群蟋蟀被迫前来奏乐。

“庆祝！庆祝！庆祝美丽的螳螂小姐成为新娘啦！”

一群萤火虫打着灯笼，在螳螂小姐的恐吓下，

前来参加婚礼。

螳螂小姐挽着丈夫的手，

甜甜地笑了起来。

“也许，螳螂小姐会变得温柔一些吧！”

“也许，螳螂小姐会成为一个好妻子！”

婚礼上的客人们窃窃私语，

大家都心怀侥幸，希望螳螂小姐从此改变，

变成一位真正美丽、优雅的女士。

“从今天起，螳螂小姐不再是螳螂小姐了。”

“从今天起，大家要称她为‘螳螂夫人’。”

金龟子主持大声地宣布。

观众们一听，赶紧撒下无数的花瓣，

庆祝这对新婚的夫妇。

不一会儿，热闹的婚礼渐渐冷清，

观众们慢慢散去。

大榕树下，只剩下了螳螂夫人和螳螂先生……

漆黑的夜空下，螳螂先生紧张地注视着夫人。

螳螂夫人摸摸肚子，笑眯眯地说道：

“亲爱的，很快，我们就会有一大群宝宝了。”

“为了他们，你一定什么都愿意做吧？”

螳螂先生一听，脸上露出幸福的微笑。

“是的，夫人。”

“你愿意为宝宝们献出生命吗？”螳螂夫人又问。

螳螂先生毫不犹豫地点点头，说：“愿意。”

话音刚落，螳螂夫人立刻亮出大刀，

吓得螳螂先生连连后退。

“你……你要做什么？”

寂静的森林里，只听见“啊”的一声惨叫，

榕树村的村民们全都惊呆了！

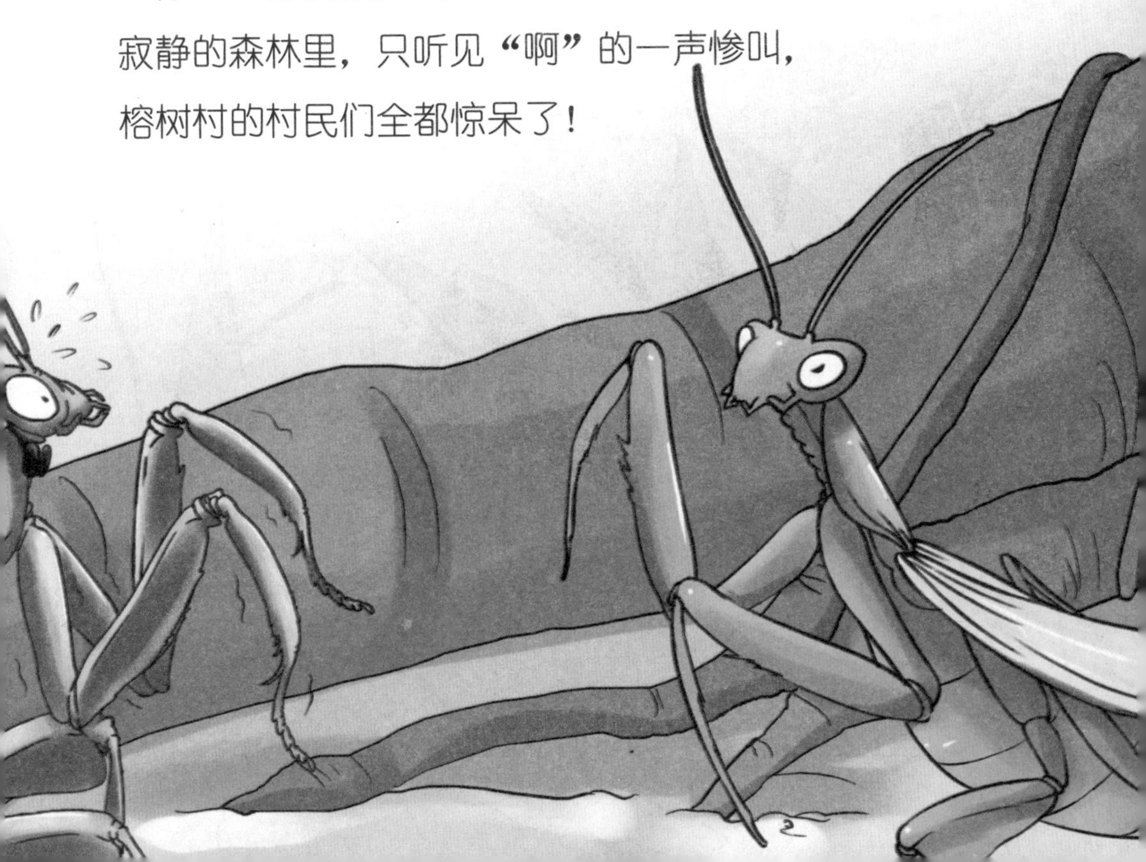

四周静悄悄的，

连飞舞在空中的萤火虫也被吓得收起了灯笼。

螳螂夫人一口咬住自己的丈夫，

把他当作一顿美餐！

“不……不要……”

“求求你……”

可怜的螳螂先生，

还来不及求饶，

就已经只剩下了两片薄薄的翅膀。

“咯——咯——咯——”

浑身上下都是武器的螳螂夫人，

心满意足地打着饱嗝，在草丛里走来走去。

谁也不知道，此刻的她正在想些什么？

螳螂夫人筑巢

“号外！号外！”

榕树村村头，一群卖报的小蚂蚁正在叫卖。

路过的大侦探黄蜂先生，

正戴着一副眼镜，认真地看着一份《榕树日报》。

“什么？”

看到螳螂夫人吃掉丈夫的新闻之后，

黄蜂先生手一松，吓得连报纸都掉到了地上。

“看来，凶恶的螳螂夫人，一定不会放过我的！”

黄蜂先生一边发愁，

一边自言自语地说着。

黄蜂先生偷偷地来到螳螂夫人的家门口。
螳螂夫人的新家，离他家的地洞不远，
就在大榕树下的草丛中。
现在，她正踱着步子，细心地查看着四周，
一点儿也没有注意到黄蜂先生。
螳螂夫人的肚子胀鼓鼓的，
这一回，不是因为吃得太饱，
而是因为，她就快要做妈妈了！

螳螂夫人的脸上露出了少见的温柔的微笑，
灵活的头部四处转动，
正在为即将出生的宝宝们寻找一个安全的地方。
乱七八糟的石头堆，
密密麻麻的青草丛，
甚至是破破烂烂的旧皮鞋里……
螳螂夫人耐心地寻找着，任何一处都不肯放过。
“亲爱的孩子们，只要阳光能照到的地方，
妈妈都要努力地寻找。
必须找一个表面凸凹不平的东西，
才能在上面为你们建一个摇篮，
只有这样，你们才会安全地来到这个世界。”

终于，在一处向阳的草丛中，
螳螂夫人开始建造宝宝们的摇篮。
绿油油的青草覆盖着一块大石头，
螳螂夫人在上面打好了地基。
“哎呀，哎呀，真是想不到！
凶巴巴的螳螂夫人居然是一位伟大的妈妈！”
大侦探黄蜂先生躲在一旁的草丛里，
偷偷地观察着螳螂夫人的行动。

螳螂夫人在长一两寸，宽不足一寸的地方工作着，
奇怪的是，她居然不需要四处寻找材料，
而是从身体里排出一些黏糊糊的液体，
均匀地覆盖在摇篮的底部。
不一会儿，液体慢慢变硬了，成了泡沫状的固体，
颜色就像麦子一样金黄金黄的。
螳螂夫人用身体末端的小杓，
像人们用叉子在碗里打鸡蛋一样，
慢慢地打起泡沫来。
更奇怪的是，螳螂夫人居然一边建造摇篮，一边产卵。
螳螂夫人把卵产在泡沫的海洋里，
并且，每产下一层卵，就在卵上覆盖一层泡沫。
用不了多久，这层泡沫就凝固了。

螳螂夫人辛苦地产下卵，并把他们堆成好几层，
每一层都隔着自制的泡沫板。
这个漂亮又精致的小摇篮分为三个部分：
其中，有一部分的原材料是一种小片，
许许多多的小片排成两行，前后相互覆盖着，
就像屋顶上的瓦片一样。
小片的边沿有两行缺口，一左一右，是摇篮的门路。
除了这个门路以外，摇篮的其他地方坚固无比，完全无法穿行。
在这三层卵房中，不论是哪一层，卵的头都向着门口，
看样子，等到螳螂宝宝从卵中孵化出来，
会有一半从左边的门跑出来，另一半从右边的门跑出来。
“这样的设计，真是太完美了！”
躲在一旁偷看的黄蜂先生想到自己简陋的地洞，羞愧得无地自容：
“真想不到，螳螂夫人这么心灵手巧！”

好不容易，摇篮终于建好了！

螳螂夫人用一层特殊的材料封好房门。

这层材料是粉白色的，表面有很多孔，

就像面包师傅做的饼干外衣一样漂亮。

“啊——”

黄蜂先生偷偷地赞叹着。

实在想不到，贪吃又残忍的螳螂夫人居然有着高超的建筑本领，

她在做这些工作的时候，身体一动也不动，

从头到尾，都稳稳当当地站着。

而且，她连看都不用看一眼，

就在背后建起了这个精致的摇篮。

“呼——”

完成工作后，螳螂夫人长长地呼出一口气。

产完卵的螳螂夫人憔悴了很多，看上去虚弱极了。

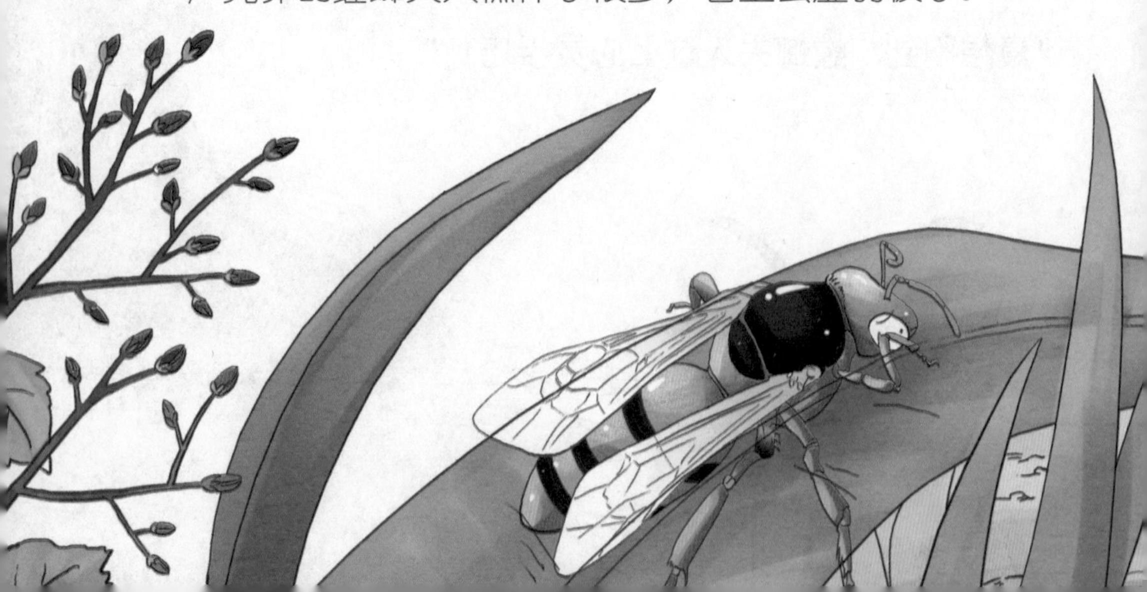

黄蜂先生这才明白，

原来，螳螂夫人疯狂地杀、杀、杀，拼命地吃、吃、吃，

都是为了她的孩子们。

螳螂夫人站在摇篮前，
想起小时候的事情，
伤心地流下了眼泪。
她告诫自己的孩子们：
“亲爱的小宝宝，
讨厌的蚂蚁想要吃掉你们，
小鸟和野蜂想要吃掉你们，
大块头的蜥蜴也想要吃掉你们！
你们的未来充满危险，
一定要坚强，坚强，坚强地活下去！”

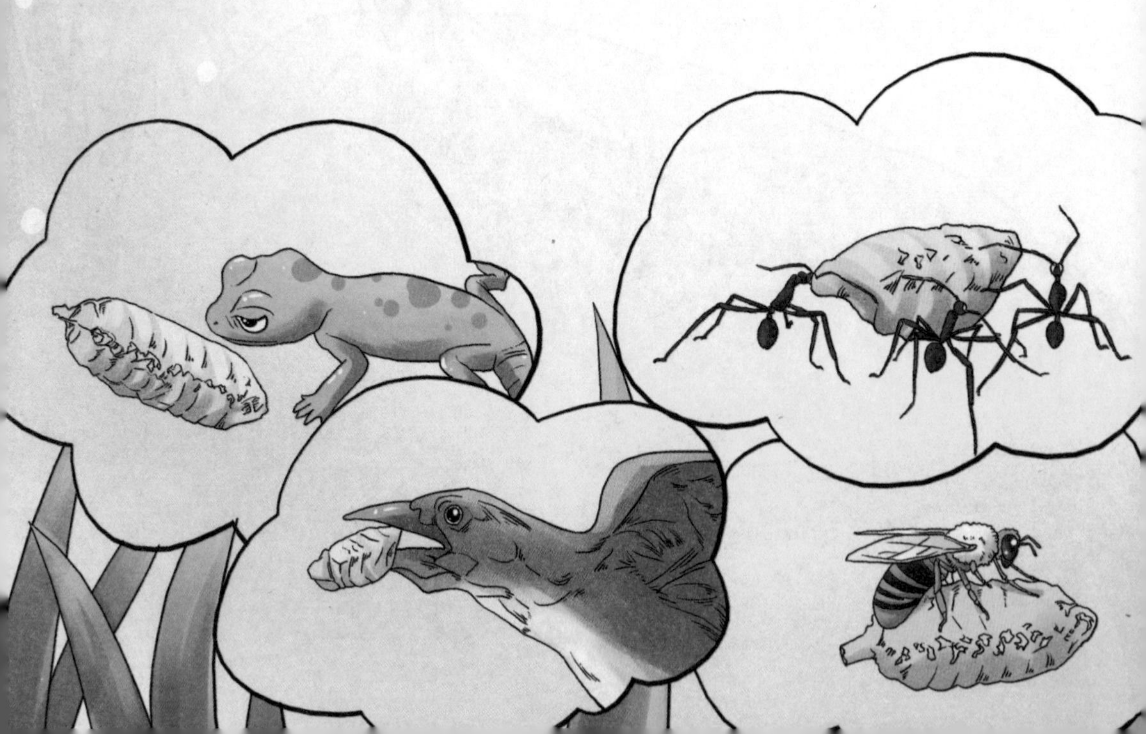

“别指望谁会来帮助你们，

一切，都要靠自己——

这是我们螳螂的命运啊！”

螳螂夫人抹了抹眼角的泪花，继续说着：

“现在，妈妈要去找些吃的。

有个叫黄蜂的家伙，

害得咱们找不到东西吃。

不过，你们放心，等你们出生的时候，

他就再也不能来捣乱了！

因为，妈妈马上就要去收拾他！”

草丛里的大侦探黄蜂先生一听，
立刻吓得头顶冒汗。
“怎么办？怎么办？”
黄蜂先生六神无主地转着圈儿，
他张开翅膀飞回家去，
赶紧向伙伴们报信。

倒霉的黄蜂家族

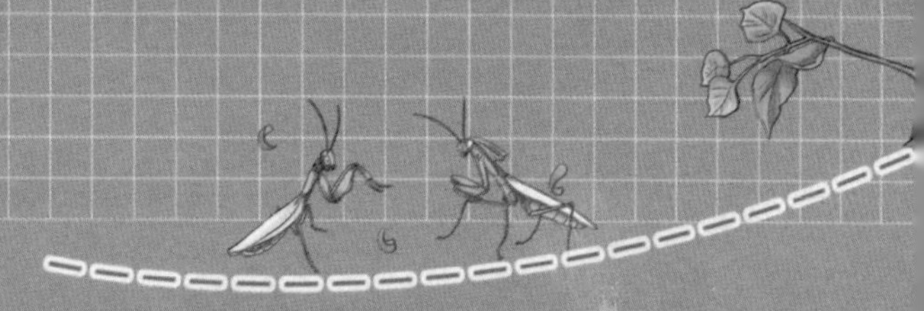

黄蜂先生很快就回到了家。

他和几万只黄蜂一起，生活在一个巨大的部落里。

“不得了了！不得了了！”

“螳螂夫人要回来报仇啦！”

黄蜂先生慌慌张张地冲进来，

带回了这个可怕的消息。

“不会吧？”

“螳螂夫人在哪里？”

“我们怎么没看见呀？”

部落里的黄蜂们半信半疑，

他们像往常一样进进出出，

有的出去捕猎，有的出去采蜜，

谁也不相信，一场可怕的灾难正在等着他们！

每天，太阳公公上山了，黄蜂们辛勤地飞出去工作，

太阳公公下山了，黄蜂们又成群结队地飞回家中。

日子一天天过去，

谁也不把黄蜂先生的忠告放在心上。

绿油油的青草丛中，黄蜂们的地洞门口，

一个像草叶一样的身影，

正悄悄地直起身子，

双臂紧紧抱在一起，

仿佛正在向上天祈祷……

终于，有一只落单的小黄蜂飞来了。

发现家门就在前方不远处，

小黄蜂望着前方，开心地哼起了歌儿。

“啦啦啦，啦啦啦，

我是勤劳的小黄蜂。

啦啦啦，啦啦啦，

马上就要回家了！”

突然，一直埋伏在草丛里的绿色身影跳了出来，

小黄蜂吓了一大跳，飞行的速度也跟着慢了下来。

趁着这个机会，等候了很久的螳螂夫人猛扑过去，

一眨眼的工夫，

小黄蜂就被长有两排锯齿的大钳子夹住了。

“真是可怜啊！

劳累了一天的黄蜂，

居然变成了敌人的一顿美餐！”

一只路过的小蜜蜂一边感叹，

一边飞快地逃走了。

……时间过得飞快，

成千上万的黄蜂部落里，每天都有成员消失。

谁也不相信，这么多黄蜂全都被螳螂夫人吃掉了。

只有大侦探黄蜂先生，每天都焦急不安地藏在家中。

那一片片绿油油的草叶，

分不清哪一片就是螳螂夫人。

螳螂夫人善于隐蔽，

她在一个个平静的日子里，制造着危险和恐慌。

大侦探黄蜂先生天天都心神不定，

他总觉得，草丛的后面，有一双眼睛在盯着自己，

只要稍不留神，螳螂夫人就会从身后扑上来！

“对了！有一个家伙也许能帮我！”

天天提心吊胆的黄蜂先生，想到了一个救星。

他是螳螂的死敌，

他是黄蜂先生的好朋友，

他的家，就在榕树村尽头的灌木丛里。

大侦探黄蜂先生飞了好久好久，

终于敲开了他的门。

“蜥蜴先生，救……救救我们吧！”

黄蜂先生站在门口，上气不接下气地说道。

接受了黄蜂先生的委托，

蜥蜴先生一直守在黄蜂部落里。

可是，自从蜥蜴先生过来后，

螳螂夫人就再也没有出现过。

黄蜂先生叹了一口气，请求道：

“蜥蜴先生，请你埋伏在螳螂夫人的家门口吧！

她不可能不回家啊！”

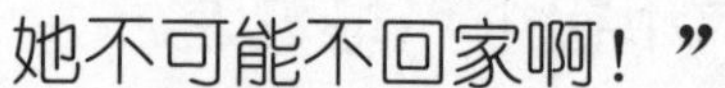

于是，蜥蜴先生跟着大侦探黄蜂先生，
来到了那个向阳的斜坡上。
在乱糟糟的青草和石块中间，
他们很快就找到了螳螂夫人的摇篮。
“好了，我就守在这里，
你先回家吧！”
蜥蜴先生向黄蜂先生招招手。

黄蜂先生一直躲在家里。

蜥蜴先生一直没有送来好消息。

黄蜂部落里，仍然不断地有成员失踪。

黄蜂先生被吓得不敢出门，

好在有个工蜂邻居对他十分友好，

每天都会给他带来一些吃的。

有一天，工蜂两手空空地回到巢穴里，

黄蜂先生失望极了，苦笑着说：

“看来，今天我要饿肚子了——”

“哈哈……”工蜂大笑着说：“你错了，今天咱们要大吃一顿！”

黄蜂先生东瞅瞅、西看看，哆哆嗦嗦地走出门外，

原来，门口躺着一只蜜蜂，

正呼呼地喘着粗气，身体一点儿也动弹不了。

黄蜂先生真没想到，好心的工蜂今天带回的不是蜂蜜，

而是一只活生生的猎物。

“太好了！你把他给麻醉了？”

黄蜂先生摇了摇蜜蜂，蜜蜂还是没有反应。

“是的，先生，如果再不想点办法，

你说不定就饿死在家里了！”

工蜂高兴地说道。

黄蜂先生有些不好意思地红了脸，

想不到，平日里顶顶有名的黄蜂大侦探，

如今居然只能躲在地洞里，过着饿一餐饱一餐的日子。

“呜呜……亲爱的蜥蜴先生，快点逮捕螳螂夫人吧！”

黄蜂先生一边吃着蜜蜂体内的蜜汁，

一边焦急地盼望着。

要不，黄蜂先生就只能一直生活在地洞里啦！

一天黄昏，

黄蜂先生正无聊地蹲在地洞里望着天空。

突然洞外传来一声惨叫，

“不好了！”

黄蜂先生心头一惊，

飞快地跑出门外。

这时，其他黄蜂也闻声赶了过来。

大家的面前，出现了可怕的一幕：

螳螂夫人正举着一双长满锯齿的大钳子，

紧紧地夹住为黄蜂先生送饭的工蜂，

工蜂的六条腿上，还紧紧地抱住一只被麻醉了的蜜蜂。

“坏蛋，不要伤害她！”黄蜂先生急得大叫。

工蜂也是一样地着急：“笨蛋！不要过来！”

工蜂没有力气反抗螳螂夫人，

她心里很明白，谁也救不了她。

“看来，今天是躲不过了——”

工蜂悲惨地喊道：

“要死，也要做个饱死鬼！”

于是，她一边哭泣，一边贪婪地吃着蜜蜂肚子里的花蜜，

与此同时，螳螂夫人也吃掉了工蜂……

面对强大的螳螂夫人，

黄蜂们抖得像筛糠一般，

谁也不敢向前一步。

大家眼睁睁地，看着螳螂夫人吃掉了自己的同类。

螳螂夫人进餐的时候，

黄蜂们跑的跑，飞的飞，逃得干干净净。

只有黄蜂先生呆呆地站在原地，

还想要救回送饭的工蜂。

“哈哈哈哈……”

螳螂夫人还没有吃完工蜂，就意外地朝着黄蜂先生扑了过来。

随着一声惨叫，

黄蜂先生终于也被螳螂夫人紧紧地钳住了，

变成了一顿美餐。

小螳螂的劫难

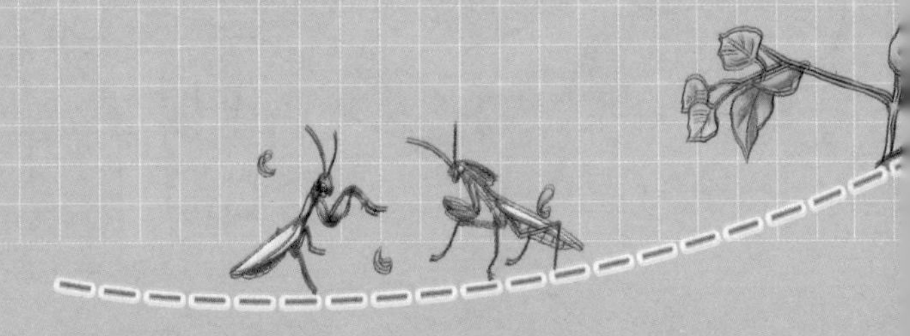

婚礼上的杀手——螳螂

“重大消息！重大消息！”

“黄蜂家族遭到毁灭性打击！”

“警告！警告！千万不要接近螳螂夫人！”

《榕树日报》用头版头条，

刊登了大侦探黄蜂先生家族的惨案。

黄蜂先生的好朋友蜥蜴先生伤心极了。

他哭得稀里哗啦，

决心一定要消灭螳螂夫人。

蜥蜴先生按照黄蜂先生之前的吩咐，
一直埋伏在螳螂夫人的家门口。
奇怪的是，从这天起，螳螂夫人再也没有回家。
“螳螂夫人去了哪里？”
“难道，她不要自己的孩子了吗？”
蜥蜴先生望着远方，自言自语地说着。

就这样，蜥蜴先生继续等啊等。

六月的阳光火辣辣地照在身上，

热得他全身发痒。

蜥蜴先生挪了挪自己肥胖的身子，

钻进草丛里，让青草给自己遮住阳光。

上午十点钟左右，阳光更强烈了，

蜥蜴先生左瞧右瞧，根本没有瞧见螳螂夫人的影子。

“真是无聊啊——”

蜥蜴先生叹了一口气，

扒开草丛，注视着螳螂夫人留下的那个十分漂亮的摇篮。

摇篮中央，有一带覆盖着鳞片的地方，

每一块鳞片下面，

都露出一个微微透明的小块儿。

“这是什么？”

蜥蜴先生凑近去仔细观察，

发现有两个大大的黑点藏在小块儿的后面。

“咦？”蜥蜴先生睁大眼睛，再凑近一点观察。

原来，这两个黑点不是别的，

而是可爱的小螳螂的两只眼睛！

“啊，一群小生命诞生了！”

蜥蜴先生惊呼起来。

他忘记了自己的目的，

好奇地趴在草丛里，

眼睛一眨不眨地看着。

在那个薄薄的小片下面，

柔弱的小螳螂们安安静静地趴着，

他们的身体黄中带红，

脑袋大大的，眼睛黑黑的，

小小的嘴紧紧地贴在胸部，

六条腿紧紧地贴着肚皮，

就像刚刚离开巢穴的蝉的幼虫。

它们看上去十分弱小，

像妈妈一样威风的武器全都紧紧地包裹在里面。

那柔弱的身体，看上去就像一只小小的船。

“啊！真是一群漂亮的家伙！”

蜥蜴先生微笑着说。

在那小小的薄片下面，

是螳螂夫人留给孩子们的通道。

不过，这个通道又狭小，又弯弯曲曲，

小螳螂们根本不能在里面伸展一下身体。

如果他们真想伸伸腿，挺挺腰，

那么通道就会被堵死，大伙儿谁也别想出来。

不过，小螳螂们自有他们的办法！

自从这群小家伙出生后，

他们的头就一直在慢慢地膨胀，

用不了多久，就会胀得像一粒水泡一样。

小家伙们十分有力气，

虽然刚出生不久，

可他们不停地扭啊扭，

努力地想把自己解放出来。

小螳螂们每扭动一次，

他们的脑袋就会稍稍变大一点。

这样一来，胸部的外衣就被撑破了。

“加油啊！”

不知是谁先喊了一声。

大家纷纷使出全身的力气，用力地挣扎，

扭得越来越厉害。

“哇——好想快点看到外面的世界！”

从来没见过阳光的小螳螂们十分好奇，

他们在自己的努力下，

首先解放了腿和触须，

接着，一点一点地，实现了自己的目标。

“真是一群顽强的家伙！”

躲在一旁观看的蜥蜴先生佩服地说道。

这些刚孵出来的小螳螂密密麻麻，

总共有好几百只，

小小的摇篮就快容不下他们了。

他们团团地拥挤在一起，

看上去乱哄哄的。

蜥蜴先生首先注意到的，

还是那一双双黑黑的眼睛。

他们东瞅瞅，西看看，

冲破外衣的束缚，

开始舒展整个儿身体。

这些小家伙们一边伸着懒腰，

一边好奇地打量着外面的世界。

“咦？妈妈在哪里？”

有一只小螳螂东张西望，不解地问着。

“妈妈在哪里？”

“我们要找妈妈！”

其他小螳螂你一句，我一句，

全都跟着喊了起来。

这时，草丛里路过一只金龟子，

她当过螳螂夫人的比赛主持和婚礼主持。

“你们的妈妈，再也不会回家了。”

金龟子好心地告诉了小螳螂们。

“所有的螳螂妈妈，产完卵之后，

都会离开自己的孩子……”

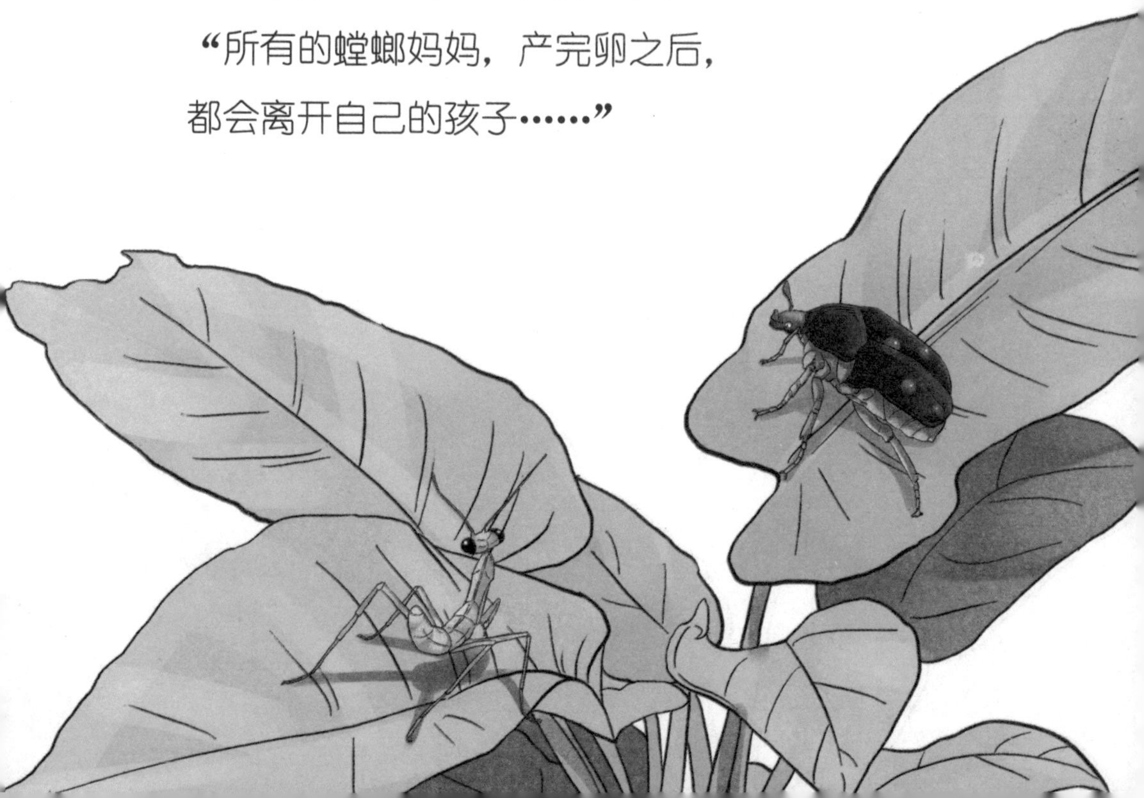

“呜呜呜……”

小螳螂们哭了起来。

“妈妈不要我们了？

妈妈真的不要我们了吗？”

金龟子阿姨同情地看着他们，

遗憾地说道：

“螳螂天生就是冷酷的杀手。

你们的妈妈离开你们，

也许是为了锻炼你们的胆量，

也许是为了让你们学会坚强……”

说完，金龟子慢慢地爬走了。

小螳螂们哭得稀里哗啦。

“妈妈真的不要我们了！”

“以后，我们就要靠自己了！”

这些小家伙们擦擦眼泪，

决定不再等妈妈回家。

“注意安全！注意安全！”

“不要单独行动！”

小家伙们自发地团结起来，

就像有统一的指挥一样。

几乎在同一时间，

数不清的小螳螂一下子挤到了摇篮中间，

把这个小小的地方挤得满满的。

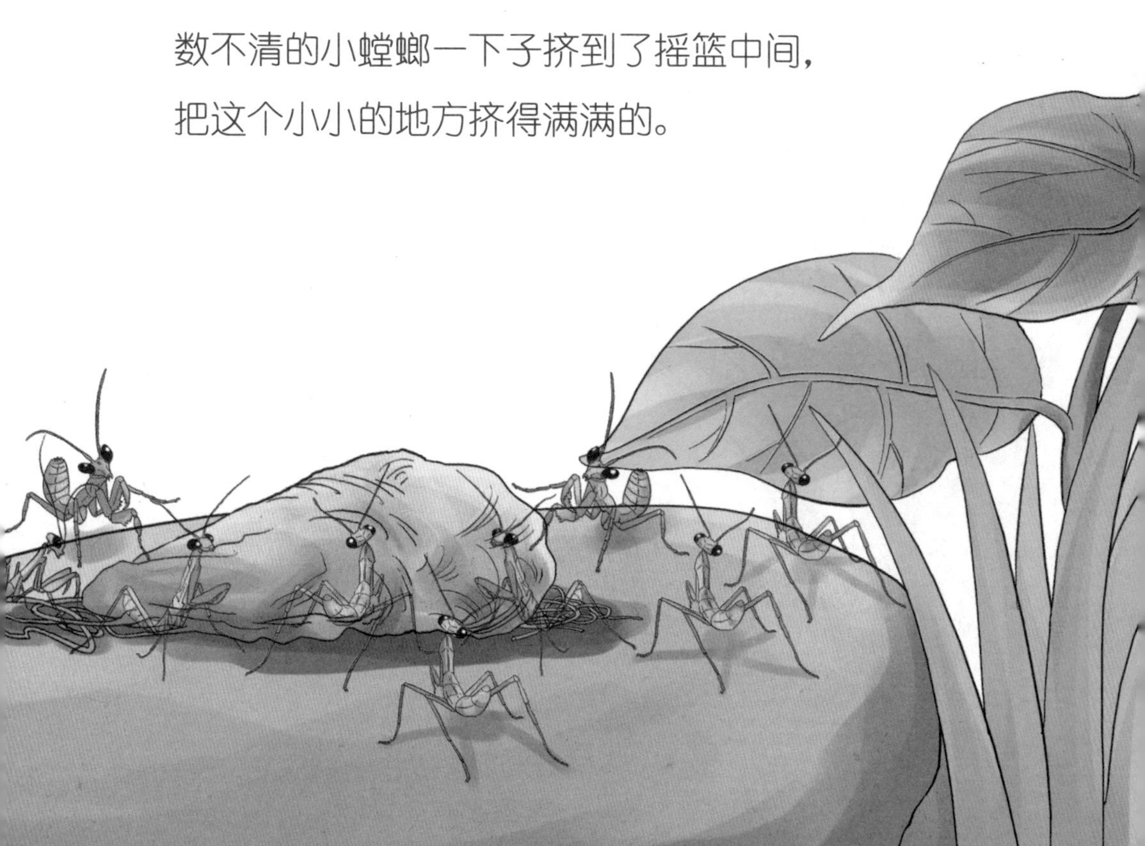

这些小家伙很兴奋、很激动，
有的不小心跌落，
有的努力爬到附近的枝叶上面，
还有的躲进了杂草丛里，
只露出一双怯生生的眼睛，
好奇又小心地打量着周围。
蜥蜴先生觉得有趣极了，
就算是凶残的螳螂，
小时候也长得挺可爱嘛！

他们长大后也会像妈妈一样凶残吗？

我要吃掉他们吗？

蜥蜴先生思索着，犹豫着……

可这些小螳螂是那么小，

嫩绿嫩绿的身体上顶着一个小小的三角形脑袋，

就连两把“大刀”都是半透明的。

开玩笑，

这样的小家伙，还没有自己的一个指甲大。

嘿嘿，太小了，

蜥蜴先生懒得动手。

这时候，小螳螂们终于全部挤出了小房子，
来到这个充满意外和惊喜的世界上。
然而，等待他们的，却不是一片光明。
也许，是他们的妈妈太坏了，
吃掉了太多的小虫子，
厄运一下子就降临到这些小家伙身上来。
不知什么时候，
一群张牙舞爪的蚂蚁早就埋伏在附近，
向着新生的小螳螂们冲了过来……

蜥蜴先生这才明白，

这么多天来，

为什么有那么多蚂蚁在这里转来转去，

原来他们是在打这些小家伙的主意啊！

可是，螳螂夫人不仅擅长打架，

建筑技术也是顶呱呱的。

她留下的小房子非常坚固，

一群小小的蚂蚁就甭想攻进去了！

所以他们只好在门外守候，

只要这些小生命迈出家门，

他们就会冲上去大杀特杀，

就像螳螂夫人对待蝗虫和黄蜂那样。

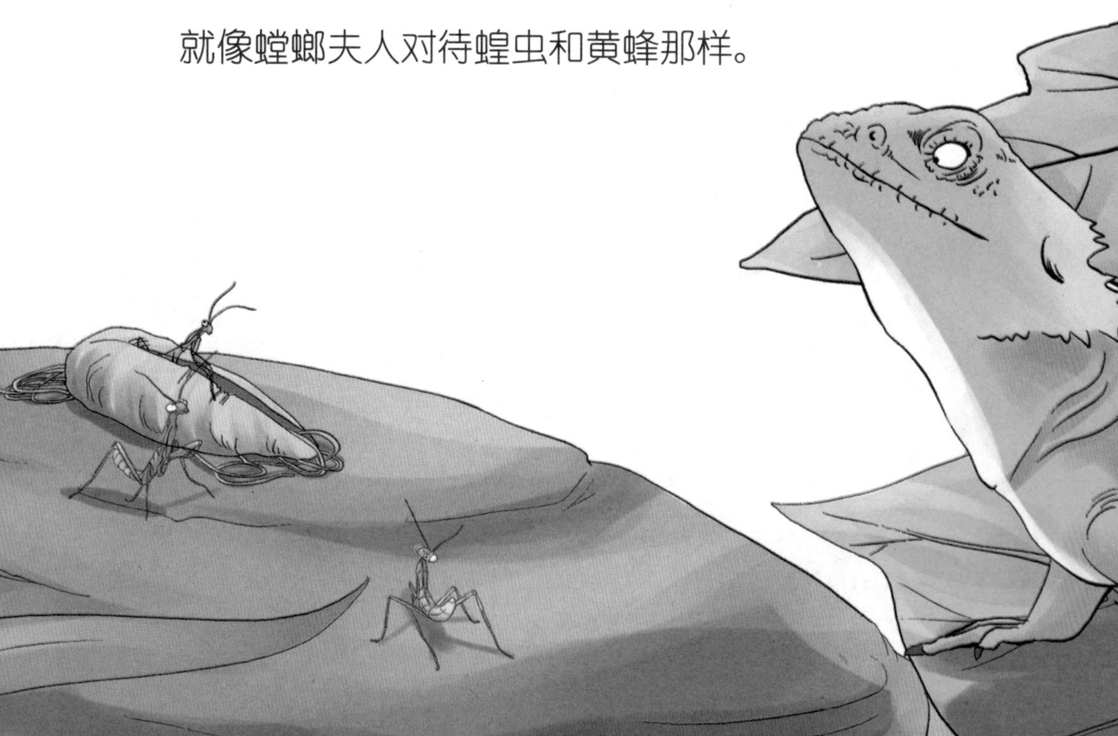

可怜的小螳螂，

他们还不知道什么叫危险，

也没有能力保护自己，

就已经陷入了重重包围之中。

蚂蚁们大声喊着：“冲啊！为死去的同胞报仇！”

“消灭邪恶的螳螂家族！”

他们那尖尖的口器对付螳螂夫人当然不管用，

可如果对手只是一群刚出世的小家伙，

就变成了可怕的武器。

“救命啊！”

“妈妈！妈妈在哪？”

小螳螂们吓坏了，

他们从未见过如此可怕的敌人。

他们哭啊，喊啊，四处乱跑，

拼命地反抗着，

想逃出蚂蚁们的魔爪。

可这一切努力都是没用的！

蚂蚁，是一种非常有耐心的昆虫。

这么多天来，

他们一直在门外转悠，

静静等候着自己的猎物，

又怎么会因为这一点点反抗就放弃呢！

午后的阳光越来越强烈，
晒得地面上热烘烘的。
“伙伴们，开餐喽——”
贪吃的蚂蚁们一点儿也不怕热，
直接在草地上开起了野餐会。
他们扯掉小螳螂身上的外衣，
把小螳螂变成了自己的美味大餐……

“妈妈，快来救我们呀！”

小螳螂们一边呼喊一边挣扎，

一只黑蚂蚁得意地说：

“嘿嘿，别做梦啦，

这是报应！

谁叫你们的妈妈这么凶残呢？

没有任何人会帮助你们的！”

小螳螂们一边哭泣，一边想起了妈妈的话。

大家顽强地和蚂蚁们展开了激烈的搏斗。

不过，对那些凶恶的敌人来说，

这种挣扎一点用也没有。

“报应啊，报应！”

蜥蜴先生亲眼见到这场战斗，

心中感慨万分。

螳螂夫人吃掉了蚂蚁，

蚂蚁又来吃螳螂夫人的孩子们。

孩子们长大以后又会去吃蚂蚁……

昆虫世界的战斗永远都不会停止。

这就是大自然的法则，

只有适应它的生物才能生存下去。

不一会儿，

这场一边倒的战争就结束了。

只有少数几只小螳螂躲在暗处，

逃出了战场。

其他绝大部分都被蚂蚁吃掉了。

就这样，

一个有着几百人口的螳螂大家族被

小小的蚂蚁毁灭了。

只有满地狼藉的草地，

证明他们曾经存在过。

不过，那些逃出来的小螳螂很快就会长大，

用不了多长时间，

顶多一两个月之后，

他们的两把“大刀”会变得非常锋利，

他们脚上的“倒钩”会变得非常坚硬，

他们的身体会变得既优雅，又敏捷，

充满了力量，

非常凶猛。

那时，他们就有了保护自己的能力，

再不是任人宰割的可怜虫了。

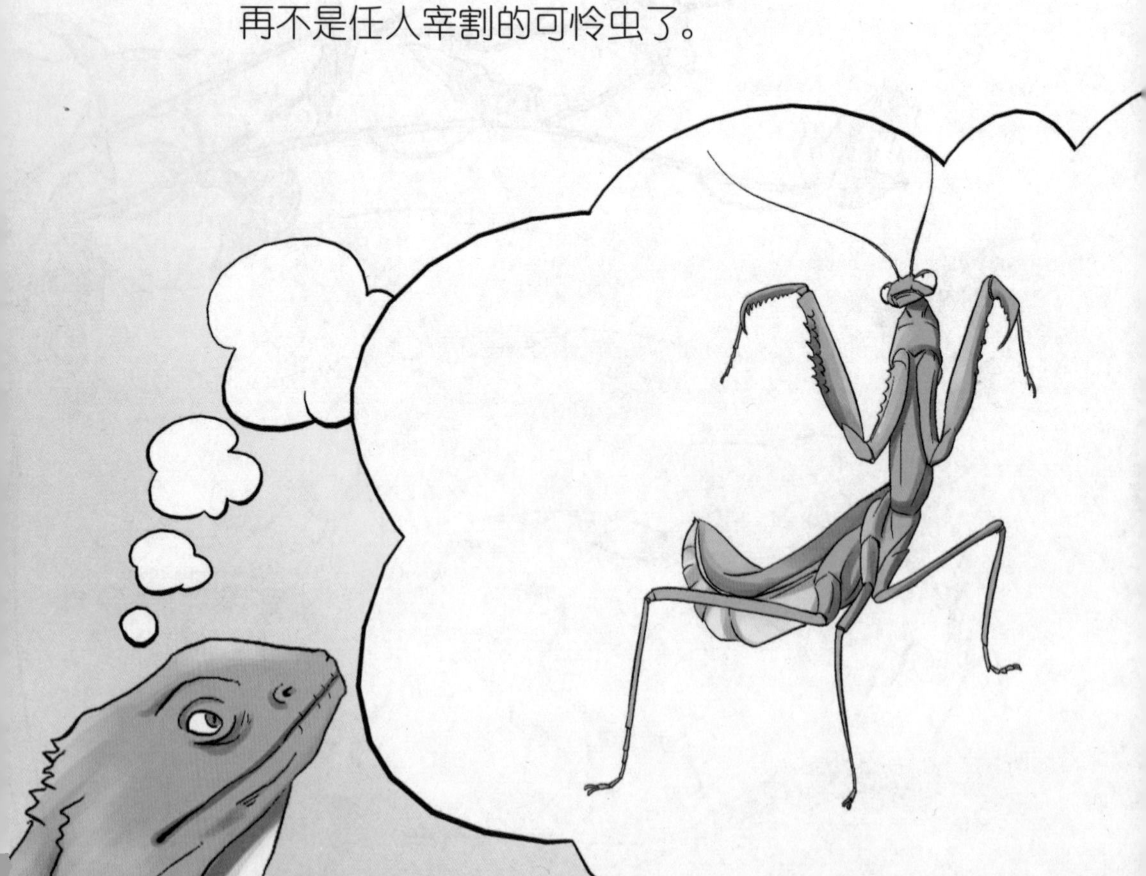

他们会从蚂蚁群里迅速穿过，
就像秋风扫过落叶一样。
那些原先行凶的敌人，
都会被纷纷打倒。
小螳螂们双臂放在胸前，
骄傲地横冲直撞。
到那时，小小的蚂蚁们哪里还敢行凶，
看见螳螂就吓得灰溜溜地逃跑了。

就在蜥蜴先生胡思乱想的时候，
一只慌不择路的小螳螂，
竟然冲到了他的面前！
这只小家伙已经被吓坏了。
他丝毫没有意识到，
眼前的大家伙，
是比蚂蚁可怕一百倍的怪物。
一百只的蚂蚁加起来，
也没有这个怪物厉害。

蜥蜴先生正在思考问题呢，

冷不防被吓了一大跳。

他不自觉地用舌头那么一舔！

别误会，这不是害怕的表现，

而是蜥蜴先生的个人习惯。

他的舌头可以搜集空气中的气味，

从而帮助自己获得更清晰的嗅觉。

就算在黑黑的晚上，

也能清楚地知道敌人的情况。

当然，这一招也常用来对付比他小得多的虫子！

小螳螂真是太不幸了，

他居然不知道躲避，

还冒冒失失地迎面跳了过来。

外表灰不溜溜的蜥蜴先生个头虽然不大，

可胃口却从来都不小。

他只是用舌头那么一舔，

小螳螂就粘在他的舌头上，被卷进了嘴里，

连一声惨叫都没有发出来。

蜥蜴先生的舌头一打卷，

小螳螂就被他吞进了肚子里。

啊，没想到，

真是没想到！

小螳螂的味道还真不错！

又滑又嫩，

还带着一点青草的味道！

蜥蜴先生美滋滋地闭上眼睛，

仿佛正在享用一顿丰盛的美味大餐。

消灭螳螂夫人，为朋友报仇，

这是蜥蜴先生最初的目的。

可螳螂夫人已经不知道去了哪里，

怎么办呢？

蜥蜴先生的小眼睛骨碌一转，

想出了一个绝妙的主意——

吃掉剩下的小螳螂们，为朋友报仇！

蜥蜴先生特别强调的是，

他做出这个决定，

肯定不是因为小螳螂的味道居然这么鲜美！

走，到小螳螂出生的地方去！

走，到美味食物集合的地方去！

一只，两只，三只，

蜥蜴先生的舌头动个不停，

越吃越想吃！

越吃越好吃！

真是太棒了！

“救命啊——”

那些本来已经逃脱蚂蚁围捕的小螳螂们，

被那长舌头这么一舔，再那么一卷，

就成了蜥蜴先生的美餐。

蜥蜴先生每吃掉一只小螳螂，

都要闭一下眼睛，

这可不是表示抱歉，

而是表示他正在享受吃东西的快乐。

这些可怜的小螳螂，

一出生就失去了妈妈的保护，

才逃出蚂蚁的魔爪，

又落入蜥蜴的血盆大口，

不知道有几个幸运儿能死里逃生。

但是，蚂蚁们可不高兴了。

这明明是他们的大餐，

蜥蜴先生怎么能“蚁口夺食”呢？

一只黑蚂蚁挥舞着触须，

努力做出一副张牙舞爪的样子，

大声地抗议：“住手！这些都是蚂蚁家族的猎物……”

“唰”的一声，

抗议的黑蚂蚁顿时消失得无影无踪。

蜥蜴先生不屑地卷着舌头，

将蚂蚁咽了下去。

小小蚂蚁，

也敢嚣张！

蜥蜴不发威，

当我是病虫？

正好眼前的螳螂大餐吃得有点腻，

来些蚂蚁调调味也不错！

这下子，

所有的蚂蚁都被震住了。

他们慌慌张张地向远处跑去，

只恨自己少生了两条腿。

跑得快的，还算安全。

跑得慢的，已经晕乎乎地进了蜥蜴先生的肚子。

蚂蚁们永远不会想到，

前一刻的胜利者，

马上就变成了后一刻的失败者。

就在一片混乱中，

一只小螳螂终于成功逃了出来。

她目睹了成群结队蚂蚁的疯狂屠杀，

又亲眼看见蜥蜴吞掉她的兄弟姐妹，

她非常气愤地喊道：“这个世界太危险了！

我一定要做个强者，

比任何人都要强，

为兄弟姐妹们报仇！”

“喊什么啊，大热天的，累不累啊！

还让不让人睡觉了？”

一个奇怪的声音响了起来。

小螳螂吓了一跳，

左看看，右看看，

不知道是谁在说话。

“不用找了，是我！”

一只颜色鲜亮的金龟子趴在草叶上，

悠闲地晒着太阳。

小螳螂迷惑不解。

“瓢虫先生，

我的兄弟姐妹们都被杀害了，

他们和我一样，

刚刚来到这个世界上，

他们有什么错？

为什么要遭到杀害？

难道我不该为他们报仇吗？”

金龟子笑了，她敲敲草叶说道：

“可怜的孩子，你还不知道，

在这个世界上，仇恨是最没有意义的事情！

蚂蚁和蜥蜴吃了你的兄弟姐妹，

可是你妈妈也吃了蝗虫和黄蜂啊！

在不久的将来，你也会和你妈妈一样，

变成一个好斗的屠夫，

将你的仇人们一个个打败。

可没过多久，你们这些六条腿的昆虫们，

就会被叫作飞鸟的家伙吃掉；

到了秋天，那些鸟儿们吃肥了，

又会被长着两条腿的巨大人类吃掉……

这是生命的轮回，

没有哪种生物能走出这个轮回。”

小螳螂站了很久很久，
想了很久很久。
他不懂什么叫作轮回，
也不懂为什么谁也无法走出轮回。
也许这是大自然的安排，
做妈妈不保护的孩子，
就是要让他们经历九死一生，
弱者淘汰，强者生存！
小螳螂这样想着，默默地离开了。
现在，她得踏上属于自己的生命之旅……